MÉTÉOROLOGIE

ET

UNIFICATION DE L'HEURE EN FRANCE

PAR

M. Ludovic GULLY

ROUEN

IMPRIMERIE DE ESPÉRANCE CAGNIARD

Rues Jeanne-Darc, 88, et des Basnage, 5.

1881

MÉTÉOROLOGIE

ET

UNIFICATION DE L'HEURE EN FRANCE

MÉTÉOROLOGIE

ET

UNIFICATION DE L'HEURE EN FRANCE

PAR

M. Ludovic GULLY

ROUEN

IMPRIMERIE DE ESPÉRANCE CAGNIARD

Rues Jeanne-Darc, 88, et des Basnage, 5.

1881

RÉSUMÉ

DES

OBSERVATIONS MÉTÉOROLOGIQUES FAITES DANS LA
SEINE-INFÉRIEURE

Par M. Ludovic GULLY

MESSIEURS,

L'étude sur la météorologie de la Seine-Inférieure, que j'ai l'honneur de vous présenter, résulte des observations faites et publiées par le service des Ponts et Chaussées, de 1866 à 1878, et dont j'ai établi les moyennes pour cette période.

Vingt-six stations d'observations sont réparties dans l'ensemble du département : quinze dans le versant de la Manche et onze dans celui de la Seine.

La configuration du sol de la Seine-Inférieure est un vaste plateau, sillonné par des vallées et surmonté de collines peu élevées.

Dans le centre, deux grandes plaines communiquent ensemble et forment une ligne de faîte dont la direction est de l'ouest à l'est. Des deux revers de cette arête descendent des vallées qui, en s'approfondissant, conduisent, soit à la mer, soit à la Seine, les rivières qui coulent vers le nord-ouest ou le sud-ouest.

Il est donc important d'examiner, tout d'abord, la répartition de la quantité d'eau qui tombe annuellement, afin d'en faire ressortir la relation qui peut exister entre cette quantité et le relief du sol.

Voici les moyennes des observations faites sur les deux versants et relatives aux hauteurs de pluie, au nombre des jours de pluie, à la température et à la pression barométrique.

1° Versant de la Manche.

Stations.	Hauteur d'eau annuelle en millimètres	Nombre des jours de pluie	Température	Baromètre
Aumale	680	129	9°9	»
Blangy...............	723	141	10.7	»
Eu	799	137	11.0	761.5
Londinières	762	159	10.8	»
Neufchâtel	784	154	10.8	758.5
Arques..............	931	165	»	»
Dieppe	639	166	11.8	759.5
Bosc-le-Hard	901	193	»	»
Longueville	811	151	10.8	»
Tôtes	1.033	150	9.8	»
Saint-Laurent........	955	183	»	»
Saint-Valery	894	151	11.8	754.0
Cany	968	152	11.0	»
Goderville............	1.075	181	10.6	»
Fécamp..............	868	173	10.5	759.6
Moyennes....	855	159	10.8	758.6

2° Versant de la Seine.

Stations.	Hauteur d'eau annuelle en millimètres	Nombre des jours de pluie	Température	Baromètre
Gournay.............	699	118	10.0	770.0
Forges..............	695	143	9.5	»
Vascœuil............	685	148	9.8	»
Buchy...............	788	171	9.4	»
Elbeuf..............	625	154	11.0	»
Rouen	721	162	11.2	761.4
Barentin	913	158	»	»
Caudebec	846	172	11.0	»
Yvetot	904	186	10.0	765.4
Bolbec..............	1.012	158	»	»
Le Havre............	857	172	11.9	761.6
Moyennes....	795	158	10.4	764.6

Ce tableau montre que le versant de la Manche reçoit une plus grande quantité d'eau (855^{m}/^{m}) que celui de la Seine (795), et que le nombre des jours de pluie est sensiblement le même dans les deux versants (159^{m}/^{m} et 158).

En classant les stations suivant l'importance de la hauteur d'eau recueillie annuellement, on obtient l'ordre suivant :

1	Goderville	1075	14 Longueville. . . .	811
2	Tôtes	1033	15 Eu.	799
3	Bolbec	1012	16 Buchy	788
4	Cany.	968	17 Neufchâtel	784
5	Saint-Laurent. . .	955	18 Londinières. . . .	762
6	Arques.	931	19 Blangy.	723
7	Barentin	913	20 Rouen	721
8	Yvetot	904	21 Gournay	699
9	Bosc-le-Hard . .	901	22 Forges	695
10	Saint-Valery . . .	894	23 Vascœuil	685
11	Fécamp.	868	24 Aumale.	680
12	Le Havre	857	25 Dieppe	639
13	Caudebec.	846	26 Elbeuf	625

La quantité d'eau qui tombe par an, dans la Seine-Inférieure, varie donc entre des limites très éloignées, puisque Elbeuf (minimum constaté) ne reçoit que les 58/100 de la hauteur observée à Goderville (maximum).

Voyons maintenant comment se fait la répartition des pluies.

En reportant sur une carte du département les chiffres du tableau précédent, on constate : 1° Que toutes les stations situées sur la ligne de faîte ou de partage des deux versants de la Manche et de la Seine, ainsi que sur le plateau qui sépare ces deux versants, reçoivent une plus grande quantité d'eau ; 2° que cette quantité va en diminuant à mesure qu'on s'éloigne du littoral.

Ainsi les stations de Goderville, Yvetot, Bosc-le-Hard, Buchy et Forges, situées sur la ligne de faîte, donnent les chiffres respectifs de : 1075$^{m/m}$, 904, 901, 788, 695.

Cette quantité annuelle va également en diminuant, de la ligne de faîte au bord de la mer, d'un côté, et à la Seine, de l'autre ; en sorte que le relief du département se trouve ainsi accusé par la quantité d'eau reçue en chaque point du sol.

En outre, pour un même bassin, la quantité d'eau paraît aller en diminuant, à mesure qu'on s'éloigne de l'embouchure du cours d'eau. Ainsi, dans le bassin même de la Seine, le Havre, Caudebec, Rouen et Elbeuf reçoivent annuellement et respectivement : 857$^{m/m}$, 846, 721 et 625 ; dans le bassin de la Bresle, les stations de Eu, Blangy et Aumale donnent 799$^{m/m}$, 723 et 680 ; dans le bassin de la Béthune, Arques reçoit 937$^{m/m}$, tandis que Neufchâtel n'en a que 784. Toutefois Dieppe fait ici exception à cette règle, présentant un minimum de 639$^{m/m}$, qui peut résulter d'un emplacement défectueux du pluviomètre de cette station ou de la situation même de la ville, abritée des vents humides du sud-ouest et de l'ouest par les falaises élevées qui l'environnent de ces côtés. Toutes les autres stations du littoral sont comprises entre 800 et 900$^{m/m}$.

Les différences du relief du sol de la Seine-Inférieure amènent donc une répartition de l'humidité proportionnelle à la hauteur au-dessus du niveau de la mer, et la carte de la distribution des pluies dans ce département est, dans une certaine mesure, une carte orographique comme celle de la distribution des pluies en France, dressée par Reclus, où toutes les chaînes de montagnes, tous les massifs isolés y sont indiqués par un excès de précipitation d'eau.

Ces résultats sont d'ailleurs la conséquence de la direction générale des mouvements tournants de l'atmosphère qui nous arrivent tout formés de l'Océan, pour traverser l'Europe de l'ouest à l'est. La plupart des contrées voisines de la mer sont abondamment arrosées.

Les nuages, alimentés par cet immense réservoir, se déversent d'abord sur les régions riveraines et deviennent de moins en moins pluvieux à mesure qu'ils pénètrent plus avant dans l'intérieur des terres. Ce n'est qu'en venant se heurter contre les versants des montagnes et des plateaux, qu'ils fournissent pour la deuxième fois une forte quantité de pluie plus abondante même que sur les rivages.

On doit donc trouver entre le rivage et la ligne de faîte une zone recevant un maximum relatif d'eau. C'est, en effet, ce que l'on peut constater sur la carte, pour quelques points seulement, par suite du trop petit nombre de postes d'observations et ensuite de la faible étendue de terrain comprise entre la mer et le plateau. Ainsi Londinières reçoit moins d'eau que Eu et Neufchâtel ; Longueville, que Arques et Bosc-le-Hard.

Dans le versant de la Seine, cette zone de minimum n'existe plus à une certaine distance de la ligne de faîte, vers le sud.

Examinons maintenant le classement des stations d'observations sous le rapport du nombre des jours de pluie. Nous obtenons l'ordre suivant :

1	Bosc-le-Hard	193	5	Fécamp	173
2	Yvetot	186	6	Le Havre	172
3	Saint-Laurent	183	7	Caudebec	172
4	Goderville	181	8	Buchy	171

9 Dieppe.	166	18 Longueville. . . .	151
10 Arques.	165	19 Saint-Valery . . .	151
11 Rouen	162	20 Tôtes	150
12 Londinières. . . .	159	21 Vascœuil.	148
13 Barentin	158	22 Forges.	143
14 Bolbec	158	23 Blangy.	141
15 Elbeuf.	154	24 Eu.	137
16 Neufchâtel	154	25 Aumale.	129
17 Cany.	152	26 Gournay	118

La différence signalée plus haut entre les quantités extrêmes d'eau n'existe plus ici pour le nombre des jours de pluie ; le chiffre minimum observé à Gournay atteint en effet les 75/200 du chiffre maximum constaté à Bosc-le-Hard. L'influence de l'altitude est bien encore manifeste pour quelques stations ; mais une décroissance à peu près régulière du nombre des jours de pluie, de l'ouest à l'est, peut s'observer, ainsi qu'un rapport inverse avec la quantité d'eau pour certains postes, où les pluies sont d'autant plus rares qu'elles déversent une plus grande quantité d'eau.

Ainsi Tôtes n'a que 150 jours de pluie pour 1033^{m}/^{m} ; Bolbec, 158 jours pour 1012 ; tandis que Arques a 165 jours pour 931^{m}/^{m} ; Yvetot, 186 pour 904 ; Bosc-le-Hard, 193 pour 901. Constatons en passant que la réputation fâcheuse, faite au chef-lieu du département, sous le rapport de l'humidité, n'est nullement justifiée, puisque Rouen ne vient qu'au vingtième rang dans le tableau relatif à la quantité d'eau et au onzième dans celui du nombre des jours de pluie. Le Havre, Yvetot, et beaucoup d'autres localités, sont moins bien favorisés sous ce rapport, à moins cependant que la durée des chutes de pluie ne soit plus persistante à Rouen que partout ailleurs, ce que nous ne pouvons établir, faute d'éléments comparatifs.

En récapitulant les quantités d'eau tombée et les nombres des jours de pluie constatés pour chaque mois de l'année, pendant une période de dix ans, de 1869 à 1878, sur l'ensemble du département, nous obtenons les deux tableaux suivants :

1° Hauteur de pluie.

Années	Janvier	Février	Mars	Avril	Mai	Juin	Juillet	Août	Septembre	Octobre	Novembre	Décembre	Totaux
1869.	39.8	38.8	92.5	74.4	148.3	36.2	4.7	29.6	63.9	73.4	94.7	102.3	804
1870.	51.8	16.6	28.7	4.3	25.8	5.9	38.0	47.5	70.0	248.5	67.9	44.2	649
1871.	42.8	38.4	27.8	112.9	16.1	75.5	124.8	43.8	88.4	74.2	35.9	45.8	726
1872.	90.9	32.1	54.2	40.2	78.9	49.1	98.2	62.3	79.5	97.9	206.0	134.4	1024
1873.	97.5	56.2	62.7	46.7	37.6	82.1	45.2	59.3	79.8	73.2	59.0	19.3	719
1874.	55.2	22.1	27.6	29.0	32.1	52.5	42.9	38.3	90.8	81.8	99.4	155.2	727
1875.	118.8	22.6	19.3	22.1	36.3	68.6	113.2	93.7	64.3	102.3	126.7	24.4	812
1876.	20.2	81.5	108.0	48.0	34.2	53.1	21.0	93.2	166.3	45.3	91.6	87.0	849
1877.	110.2	109.9	93.2	45.7	84.3	37.5	59.2	65.8	56.1	67.1	119.5	68.4	916
1878.	51.4	26.2	64.3	92.0	103.2	63.2	53.0	117.9	49.4	138.1	182.1	77.2	1018
Moy.	67.9	44.4	57.8	51.5	59.7	52.4	60.0	65.1	80.9	100.2	108.3	75.8	824
		170.1			163.6			206.0			284.3		

2° Jours de pluie.

Années	Janvier	Février	Mars	Avril	Mai	Juin	Juillet	Août	Septembre	Octobre	Novembre	Décembre	Totaux
1869.	11	12	17	10	20	9	2	9	14	14	19	19	156
1870.	14	8	11	3	7	3	7	11	9	20	12	9	114
1871.	12	11	9	16	4	15	15	7	13	11	8	13	134
1872.	18	13	12	13	17	14	12	11	13	17	24	19	183
1873.	15	14	15	14	10	12	10	12	17	14	12	10	155
1874.	15	8	9	9	11	12	8	12	15	15	12	20	146
1875.	17	8	5	5	10	14	17	10	10	18	18	9	141
1876.	6	18	21	11	7	9	6	12	22	7	17	18	154
1877.	22	22	19	15	16	7	12	12	12	14	18	17	186
1878.	14	9	14	16	18	12	11	20	11	17	22	20	184
Moy.	14	12	13	11	12	11	10	12	14	15	16	15	155
		39			34			36			46		

Les courbes graphiques représentant les résumés annuels sont donc figurées comme il suit :

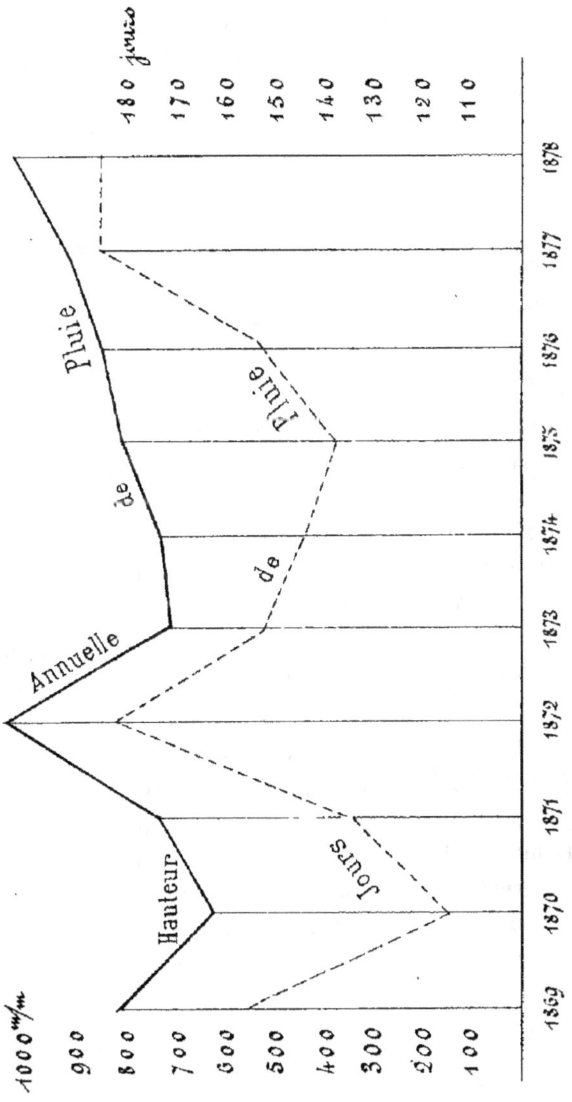

Ces tableaux nous montrent que la superficie totale du département reçoit en moyenne par an 824 millim. d'eau en 155 jours, soit, pour une contenance de 623,000 hectares, un volume de 5,133,520,000 mètres cubes, c'est-à-dire 824 hectolitres par an, et par mètre superficiel.

Les mois les plus humides sont ceux de octobre et novembre ; les moins humides sont février et avril.

Le maximum des jours de pluie a lieu en novembre et le minimum en juillet.

La répartition de la pluie dans les différentes saisons a lieu de la façon suivante :

Hiver : décembre, janvier, février, $188^{m}/_{m}$;

Printemps : mars, avril, mai, $170^{m}/_{m}$;

Eté : juin, juillet, août, $177^{m}/_{m}$;

Automne : septembre, octobre, novembre, $289^{m}/_{m}$.

Et pour le nombre de jours de pluie : hiver, 41 jours ; printemps, 36 ; été, 33 ; automne, 45.

Si nous exprimons par 100 la quantité annuelle de pluie, nous trouvons pour celle qui tombe dans chaque saison les nombres suivants :

Hiver, 22,8 ; printemps, 20,6 ; été, 21,5 ; automne, 35,1 ; chiffres se rapportant sensiblement à ceux indiqués par Kaemtz, dans son cours de météorologie, pour la France occidentale (23,4 ; 18,3 ; 25,1 et 33,3).

Les courbes du tableau graphique montrent une marche régulière de la hauteur annuelle de pluie, atteignant un maximum en 1872 et 1878 et un minimum en 1870 et 1873. Une période paraît exister entre deux maximum et deux minimum, mais il serait nécessaire d'avoir un plus grand nombre d'années d'observations pour l'établir.

La courbe qui représente le nombre des jours de pluie est sensiblement parallèle à celle des hauteurs.

Enfin, les moyennes des nombres des jours où les vents ont soufflé des différents points de l'horizon, se résument comme il suit :

Stations	Nord	Nord-Est	Est	Sud-Est	Sud	Sud-Ouest	Ouest	Nord-Ouest	Variable ou incertain
Aumale	32	34	15	25	43	90	36	89	1
Blangy	26	29	24	31	62	96	34	62	1
Eu	35	32	29	24	30	70	66	55	24
Londinières	18	42	28	33	21	99	58	57	9
Neufchâtel	31	45	21	32	22	72	62	76	4
Arques	20	19	14	12	37	54	74	26	100
Dieppe	19	31	12	24	20	97	66	56	40
Bosc-le-Hard	21	32	24	55	24	68	93	48	40
Longueville	40	16	22	21	61	58	57	43	47
Tôtes	33	52	13	54	19	126	34	83	1
Saint-Laurent	37	37	15	36	51	83	72	34	»
Saint-Valery	33	37	22	17	41	68	64	47	36
Cany	48	39	11	11	34	50	97	75	»
Goderville	38	46	47	14	68	72	52	28	»
Fécamp	44	35	36	17	39	56	92	35	11
Gournay	80	23	17	17	56	51	75	41	»
Forges	34	32	17	29	19	71	94	57	12
Vascœuil	34	55	16	34	54	108	24	39	1
Buchy	28	38	19	26	31	119	44	37	23
Elbeuf	31	39	24	24	51	91	48	43	14
Rouen	29	33	35	40	37	52	88	44	7
Barentin	44	49	22	22	40	93	59	36	»
Caudebec	39	42	7	36	12	90	32	107	»
Yvetot	43	26	25	12	16	63	94	29	27
Bolbec	42	28	20	35	38	81	73	47	1
Le Havre	22	57	32	26	27	95	69	36	1
Moyennes	35	36	22	27	38	80	64	49	14

En reportant ces moyennes sur une rose des vents, nous obtenons le diagramme suivant :

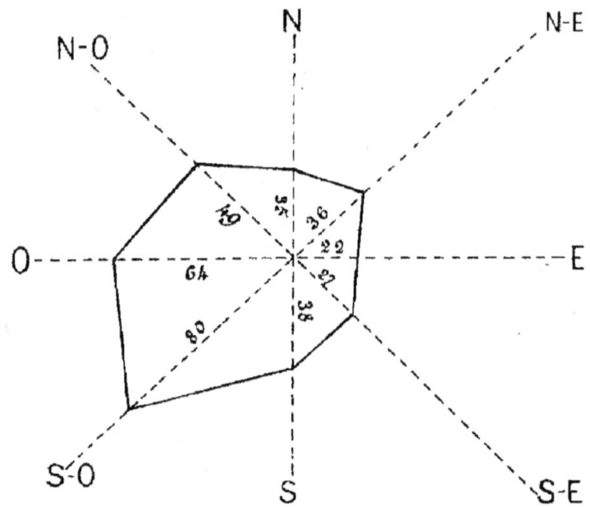

Si nous désignons par 100 le nombre total des vents qui soufflent dans un temps donné, les nombres suivants indiqueront leur fréquence relative :

N.	N.-E.	E.	S.-E.	S.	S.-O.	O.	N.O.	Incertain.
9,7	9,9	6,0	7,4	10,4	21,9	17,5	13,4	8,8

Les vents dominants dans la Seine-Inférieure sont donc ceux du S.O.-O. et de l'O., c'est-à-dire les vents humides. Des différences assez sensibles existent dans les stations, entre les nombres qui s'y rapportent et la moyenne générale ; mais l'observation de la direction du vent peut ne pas être faite partout de la même manière (ce qu'indiquent d'ailleurs les chiffres très variables de la colonne des vents incertains) ; il convient donc de ne pas discuter ces différences.

La température moyenne de la Seine-Inférieure, déduite des observations faites chaque jour, à neuf heures du matin, est de 10°,8 pour l'ensemble des stations du versant de la Manche, et 10°,4 pour celles du versant de la Seine, soit 10°,6 pour le département.

Le voisinage de la mer et de la Seine donne des moyennes plus élevées :

Le Havre, 11°,9 ; Saint-Valery, 11°,8 ; Dieppe, 11°,8 ; Rouen, 11°,2 ; Elbeuf, 11°,0 ; tandis que les stations éloignées ou à une grande altitude, ont une température inférieure : Tôtes, 9°,8 ; Buchy, 9°,4 ; Forges, 9°,5.

Les observations barométriques qui accompagnent celles précédentes, n'étant faites que sur un petit nombre de points et probablement entachées de la non-correction de l'altitude, nous ne les avons indiquées que pour mémoire.

Quant aux autres observations relatives aux orages, aux chûtes de grêle et à la comparaison des quantités de pluie tombées au même endroit, à des altitudes différentes, elles ne comprennent qu'un trop petit nombre de résultats, pour être discutées.

Ces observations ne sont d'ailleurs pas faites dans toutes les stations.

Enfin les manifestations de l'ozone, étudiées particulièrement par l'éminent chimiste de Rouen, M. Houzeau, et que j'ai moi-même observées depuis 1877, m'ont conduit à ce résultat que je livre à l'attention des météorologistes :

1° L'ozone se manifeste le plus sensiblement dans le voisinage d'un centre de dépression barométrique, quelle que soit la saison ;

2° Le degré d'intensité de la manifestation ozonée est plus prononcé dans la partie nord que dans la partie sud du phénomène.

Nous avons dit plus haut que la quantité d'eau qui tombe annuellement en moyenne dans la Seine-Inférieure est de 824 millimètres. Comme application de ce résultat, on peut, dans les campagnes et notamment dans les endroits éloignés des cours d'eau, déterminer les dimensions de vastes réservoirs ou de citernes destinés à recueillir les eaux pluviales.

Ainsi, sur le plateau, à Tôtes par exemple, où la moyenne est de 1033^m, une ferme qui disposerait d'une superficie de toiture de ses bâtiments de 300 mètres, pourrait avoir une citerne d'une contenance de 250 à 300 mètres cubes et conduire, à l'aide d'une canalisation bien entendue, dans un réservoir convenable, les eaux d'égouts d'un hectare de terrain. En évaluant au dizième de la quantité totale celle pouvant être ainsi recueillie, on pourrait de la sorte obtenir chaque année un millier de mètres cubes d'eau à employer pour les usages de la ferme, et s'éviter la dépense, parfois considérable, qu'entraîne, dans les années de sécheresse, le transport de cette eau à de grandes distances.

RÉSUMÉ

DES

OBSERVATIONS MÉTÉOROLOGIQUES FAITES A ROUEN EN 1880

Par M. Ludovic GULLY

—⸲⸲—

Messieurs,

L'année 1880 a présenté deux phases distinctes sous le rapport de l'humidité. Les six premiers mois ont été secs et principalement les mois de janvier, mars et mai ; la seconde moitié de l'année a fourni au contraire une assez forte quantité d'eau, et un nombre élevé de jours de pluie.

La quantité totale de pluie tombée en 1880 a été de 830 $^{m}/_{m}$ 95 en 167 jours. En 1879, il y avait eu 652 $^{m}/_{m}$ 10 en 189 jours, et en 1878, 761 $^{m}/_{m}$ 44 en 207 jours. La moyenne, déduite des 16 années d'observations, de 1845 à 1861, est de 825 $^{m}/_{m}$ 55 en 122 jours.

Le nombre des jours de pluie en 1880, est donc seul sensiblement supérieur à la moyenne annuelle.

Les principales périodes de sécheresse ont eu lieu en janvier, du 23 février au 31 mars et du 9 avril au 31 mai. Le mois de mai n'a fourni que 1 $^{m}/_{m}$ 35 d'eau, en trois jours seulement.

Les périodes humides ont été observées du 7 au 22 février, en juin, juillet et août ; du 7 au 23 septembre, en octobre et en décembre. Ce dernier mois a donné 82 $^{m}/_{m}$ 50 en 25 jours.

Plusieurs averses remarquables ont eu lieu : le 17 juillet, 26 $^m/_m$ 50 avec accompagnement de grêlons de 6 à 7 centimètres de diamètre ; le 21 juillet, 30 $^m/_m$; le 24 août 33 $^m/_m$; le 29 août, 51 $^m/_m$ en une heure et demie, et le 23 octobre, 30 $^m/_m$.

La température moyenne de l'année a été de 12° 6, supérieure de 1° 6 à celle normale.

Le thermomètre est descendu le 29 janvier à — 9° 2, et s'est élevé le 26 mai à + 31° 2.

L'oscilation thermométrique a donc été de 40° 4.

La température a également atteint un chiffre voisin du maximum, les 15 et 17 juillet (30° 4 et 30° 9), ainsi que le 3 septembre, 30° 9.

Janvier a été le mois le plus froid de l'année. La moyenne de ce mois a été inférieure de 2° 4 à celle de la période de 1859-1870. Mars a donné une moyenne supérieure de 5° 6 ; le mois de décembre a été très doux ; sa moyenne a été de 8° 6, supérieure de 1° 5 à celle de novembre, de 4° 9 à celle normale, et de 11° 3 à celle du mois de décembre 1879. Le thermomètre n'est descendu qu'une seule fois au-dessous de zéro (— 0° 5) le 26 décembre.

La moyenne de la hauteur barométrique, ramenée au niveau de la mer, a été de 763 $^m/_m$ 2, soit de 4$^m/_m$ 2 supérieure à celle normale.

Le baromètre a atteint 780 $^m/_m$ les 7 janvier et 7 décembre ; il est descendu à 733$^m/_m$ 0 le 18 novembre.

L'amplitude de l'oscillation de la colonne mercurielle a donc été de 47 $^m/_m$.

Il y a eu en 1880 : 6 chutes de neiges peu importantes ; 11 chutes de grêle, dont celle remarquable du 17 juillet ; 24 brouillards ; 6 tempêtes, dont une très violente, le 18 novembre ; enfin 22 orages. Une période orageuse très

accentuée s'est manifestée du 18 juin au 11 septembre.
Les orages des 17 juillet et 29 août ont causé d'importants
dégâts dans notre ville et aux environs.

Voici, pour chaque mois de l'année, les résultats des
différentes observations :

MOIS	TEMPÉRATURES			HAUTEUR barométrique moyenne au niveau de la mer	PLUIE en MILLIMÈTRES	JOURS de PLUIE	CHUTES		BROUILLARDS	TEMPÊTES	ORAGES
	MAXIMA	MINIMA	MOYENNE				DE NEIGE	DE GRÊLE			
Janvier	11o 2	— 9o 2	+ 0o 9	773mm 4	13mm 50	7	4	»	2	»	»
Février	14 7	— 4 9	6 7	763 2	58 25	17	»	2	4	1	1
Mars	23 4	+ 1 4	12 2	766 9	19 70	5	»	1	2	1	»
Avril	23 5	+ 2 9	11 8	765 4	40 00	14	»	1	2	»	1
Mai	31 2	+ 3 0	16 0	769 1	1 35	3	»	»	»	»	1
Juin	28 2	+ 6 4	17 4	759 3	79 70	17	»	»	1	»	2
Juillet	30 9	+10 9	20 3	757 5	166 75	17	»	1	»	1	7
Août	28 9	+10 5	21 1	761 3	127 00	13	»	1	»	1	5
Septembre	30 9	+ 7 7	18 4	761 7	84 50	17	»	1	3	»	3
Octobre	22 5	— 0 8	10 8	756 3	109 45	18	1	2	3	1	2
Novembre	15 0	— 3 9	7 1	762 0	48 25	14	»	1	4	1	1
Décembre	13 6	— 0 5	8 6	762 7	32 50	25	1	1	3	»	»
TOTAUX ET MOYENNES	»	»	12o 6	763mm 2	830mm 95	167	6	11	24	8	22

La répartition de la fréquence des vents, pour chaque mois de l'année, a eu lieu comme suit :

MOIS	E.	S.-E.	S.	S.-O.	O.	N.-O.	N.	N.-E.
Janvier............	13	5	»	1	4	2	2	4
Février............	4	1	1	8	10	1	1	3
Mars............	6	2	2	4	5	3	1	8
Avril............	3	6	1	4	11	3	1	1
Mai............	8	2	2	»	4	6	2	7
Juin............	3	1	1	11	5	3	5	1
Juillet............	»	»	»	18	11	2	»	»
Août............	7	4	2	2	3	3	3	7
Septembre........	5	2	»	5	9	4	1	4
Octobre..........	2	2	4	6	7	3	2	5
Novembre........	4	1	1	6	9	2	2	5
Décembre........	»	4	»	7	8	10	2	»
Totaux....	55	30	14	72	86	42	22	45

366

Le rapport entre les vents secs (est, nord-est, nord et sud-est,) et les vents humides (ouest, sud-ouest, nord-ouest et sud) a été de $\frac{152}{214} = 0,71$.

La nébulosité du ciel a été moins prononcée en 1880 que dans les deux années précédentes.

Elle se décompose comme il suit :

56 jours sereins.
75 » beaux avec nuages.
146 » variables.
72 » couverts et pluvieux.
17 » entièrement couverts avec pluie continue.
___
366

Soit en moyenne par mois :

4 jours 1/2 très beaux.
6 » beaux.
12 » variables.
6 » mauvais.
1 » 1/2 très mauvais.

Les observations thermométriques qui sont faites dans la cour de l'hôtel des Sociétés savantes, par M. Terrien, l'intelligent gardien de notre Musée industriel, ont donné comme moyenne annuelle 11° 6, soit un degré de moins que le chiffre résultant de mes observations. Cette différence provient de l'emplacement un peu trop frais du thermomètre.

En résumé, l'année 1880 se distingue, au point de vue de la météorologie, des deux années précédentes, par une rigueur moins grande des froids et un nombre plus restreint des jours de pluie.

Après les trop longues périodes d'humidité qui ont été signalées en 1878 et 1879, il y a donc lieu d'espérer, sous ce rapport, un retour à des conditions plus normales pour les années suivantes.

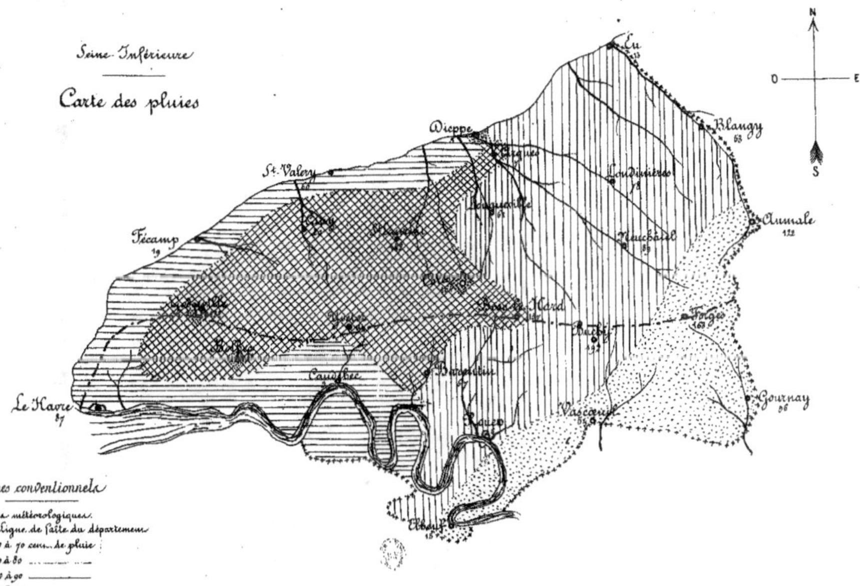

Seine-Inférieure
Carte des pluies
Le Havre 87
Fécamp 19
St-Valery
Dieppe
Eu
Blangy 63
Londinières 18
Neufchâtel 89
Aumale 122
Forges 169
Gournay 96
Vascœuil
Buchy
Bosc-le-Hard
Yerville
Bacqueville
Caudebec
Barentin
Pavilly
Rouen
Elbeuf
Lignes conventionnels
Stations météorologiques.
Ligne de faîte du département
de 60 à 70 cent. de pluie
de 70 à 80
de 80 à 90
de 90 à 100
de 100 à 110
Les chiffres placés près des noms des stations indiquent l'altitude du sol.
N
O   E
S

L'UNIFICATION DE L'HEURE

EN FRANCE

Par M. Ludovic GULLY.

Messieurs,

L'unification de l'heure dans les grandes villes intéresse tout le monde ; mais cette question présente un caractère incontestable d'utilité de premier ordre, lorsqu'il s'agit d'avoir, dans les ports de mer, un régulateur qui permette aux marins de vérifier, sans peine et chaque jour, les chronomètres du bord servant à la détermination du point en pleine mer ; détermination de l'exactitude de laquelle dépend le salut de l'équipage.

C'est, vous le savez, Messieurs, en relevant, à l'aide d'observations astronomiques, la longitude et la latitude du lieu où il se trouve, que le marin peut tracer sûrement sur la carte la route parcourue par son navire ; mais cette route ne peut être exacte qu'autant que les heures d'observation le sont aussi rigoureusement. En effet, à l'équateur, par exemple, un point de la surface de notre globe parcourt 10,000 lieues en 24 heures, ou, ce qui revient au même, décrit 360°; donc, en une heure il décrit 15°, et en une minute de temps, un quart de degré ou 15 minutes d'arc. Une différence dans l'évaluation de l'heure, de une minute, conduit par suite à un écart de près de 2 kilomètres du véritable point où l'on se trouve, et peut avoir par suite pour la marche du navire les plus terribles conséquences.

Il est donc de la plus grande utilité que, avant de prendre la mer, le marin puisse s'assurer de la marche de son chronomètre, afin d'éviter toutes les chances possibles d'erreurs.

L'importance chaque jour croissante du port de Rouen, devait appeler l'attention de la Chambre de Commerce de notre ville sur le moyen de pouvoir installer un régulateur indiquant l'heure de l'observatoire de Paris ; aussi a-t-elle répondu à une nécessité qui se faisait sentir de plus en plus, en accueillant favorablement les propositions qui lui furent faites à cet effet, en 1878, par M. Coache, horloger à Rouen, qui lui avait transmis les nombreuses demandes adressées par les capitaines, pour l'observation de leurs chronomètres, et les dificultés d'obtenir l'heure de l'observatoire. Dans certains cas, la connaissauce exacte de cette heure n'avait pas coûté moins de 40 francs au capitaine, non compris la perte de temps employé aux démarches.

Le directeur de l'observatoire, M. Mouchez, ayant reconnu tout l'intérêt de la demande faite par la Chambre de Commerce de Rouen, a obtenu, en juin 1879, de l'administration des télégraphes, que l'envoi de l'heure de l'observatoire pourrait être fait dans notre ville ; et, après l'installation d'un régulateur dans le bâtiment de la Bourse, le service télégraphique direct avec l'observatoire de Paris a été inauguré le 31 octobre 1880.

Voici comment se fait la transmission de l'heure:

Après une suite de coups précipités, servant d'avertissement, frappés sur le manipulateur du morse à Paris et qui se répètent à Rouen, onze coups sont frappés à 9 h. 0' 0", de seconde en seconde ; puis un intervalle de 9 secondes ; onze autres coups sont frappés de 20 à 30 secondes, et, après un nouveau repos de 9 secondes, onze coups sont encore frappés, de 40 à 50 secondes. L'observateur de Rouen peut ainsi saisir la seconde ou fraction de seconde où le premier coup a été frappé, et enregistrer la différence d'heure marquée par son chronomètre.

Tel est, Messieurs, le résumé d'une notice publiée par M. Coache, et dont un exemplaire vous a été adressé, dans le but de revendiquer pour la ville de Rouen la priorité de cette importante organisation de l'heure exacte. Notre ville est, en effet, la première de province qui a inauguré la transmission télegraphique de l'heure de l'observatoire de Paris.

Ce nouveau service sera certainement accueilli avec faveur par la marine, qui pourra désormais régler les chronomètres, facilement et sans frais.

Permettez-moi, Messieurs, de vous retracer rapidement, à ce sujet, l'historique de l'unification de l'heure.

Disons d'abord que, sous ce rapport, notre pays est bien en retard sur plusieurs autres pays voisins, car en Angleterre et en Suisse un grand nombre de ports reçoivent chaque jour, depuis longtemps, par télégraphe et automatiquement, l'heure exacte. En certains endroits, cette heure peut même être observée par un grand nombre de personnes simultanément, soit à l'aide d'une boule tombant de la partie supérieure d'un mât, soit au moyen d'un coup de canon.

Tout le monde sait que les horloges, même les mieux construites, ne marchent jamais d'accord bien longtemps. On conçoit comment, grâce à l'électricité, on peut faire marcher à distance, un ou plusieurs cadrans, au moyen d'une horloge unique, en disposant à chaque extrémité de la course du balancier, deux petites lames métalliques qu'il viendra toucher alternativement. Si à chaque lame est attaché un fil conducteur d'une pile, toutes les fois qu'il y aura contact, le courant électrique s'établira, et si ce fil aboutit à un électro-aimant en rapport lui-même avec les rouages d'horlogerie destinés à faire marcher les aiguilles d'un ou de plusieurs cadrans, on obtiendra de la sorte des indications parfaitement conformes entre elles et conformes aussi à celles de l'horloge type.

Tel est le principe de l'horloge électrique. L'adoption de cette horloge ne se fait néanmoins qu'assez lentement, par suite de la cherté de l'entretien des appareils, comparée au bon marché relatif des horloges et pendules ordinaires.

Si, au lieu de l'électricité et de la force vive des courants, on emploie un autre moteur, l'air comprimé par exemple, pour distribuer l'heure de l'horloge type, on a l'horloge pneumatique. Il y a quatre ans qu'un système de ce dernier genre fonctionne à Vienne, en Autriche, et distribue l'heure entre la Bourse, le palais impérial, le télégraphe, la poste, les écoles, etc. Depuis le commencement de 1880, la Société des horloges pneumatiques a également installé à Paris un réseau distributeur de l'heure, en divers points des places et boulevards, ainsi qu'à domicile.

Une usine centrale, à proximité de l'horloge type, comprime l'air et l'emmaganise dans de grands cylindres. Au commencement de chaque minute, par l'intermédiaire d'un excentrique, un effet de déclanchement fait ouvrir le tiroir de distribution, et permet à l'air comprimé de se rendre dans les tuyaux de canalisation.

Un tuyau conduit le gaz moteur jusqu'à chaque horloge receptrice où se trouve un cylindre muni intérieurement d'un soufflet qui se gonfle ainsi à chaque minute. Ce cylindre fait monter une tige dont il est surmonté et cette tige soulève un levier articulé et un rochet qui fait avancer d'une division la roue dentée portant l'aiguille des minutes du cadran.

L'horloge type est mise en communication électrique avec l'observatoire, de façon à distribuer l'heure exacte, comme elle la reçoit elle-même.

Toutefois ce système ne présente pas une exactitude rigoureuse, à cause du temps d'écoulement du gaz comprimé. Les horloges un peu éloignées ne marqueront donc pas la même minute. Mais la régulatité de l'heure et le bon marché qui résulte de la simplicité des appareils n'en laissent pas moins, à cette nouvelle application de l'air comprimé, toute son importance.

L'unification de l'heure présente aujourd'hui, à différents points de vue, des avantages incontestables ; aussi, après l'heureuse initiative de la Chambre de Commerce de Rouen, nous pouvons espérer, pour un avenir prochain, le complément de l'installation du régulateur qui fonctionne aujourd'hui à la Bourse, c'est-à-dire l'unification de l'heure dans notre ville.

Extrait du Bulletin de la Société libre d'Émulation du Commerce et de l'Industrie de la Seine-Inférieure pour l'année 1881.

Rouen. — Imp. E. CAGNIARD, rues Jeanne-Darc, 88, et des Basnage, 5.